农业绿色发展丛书

浙西柑橘病虫草害及绿色防控技术

徐法三　王宏航　徐　霄　胡潇方　等　编著

中国农业科学技术出版社

图书在版编目（CIP）数据

浙西柑橘病虫草害及绿色防控技术 / 徐法三等编著 . --
北京：中国农业科学技术出版社，2022.1
ISBN 978 – 7 – 5116 – 5640 – 7

Ⅰ . ①浙…　Ⅱ . ①徐…　Ⅲ . ①柑桔类—病虫害防治
②柑桔类—除草　Ⅳ . ① S436.66 ② S451.24

中国版本图书馆 CIP 数据核字（2021）第 267778 号

责任编辑　金　迪
责任校对　李向荣
责任印制　姜义伟　王思文

出 版 者　中国农业科学技术出版社
北京市中关村南大街 12 号　邮编：100081
电　　话　（010）82106625（编辑室）（010）82109702（发行部）
（010）82109709（读者服务部）
传　　真　（010）82109194
网　　址　http: // www.castp.cn
经 销 者　各地新华书店
印 刷 者　北京建宏印刷有限公司
开　　本　148 mm×210 mm　1/32
印　　张　2.25
字　　数　60 千字
版　　次　2022 年 1 月第 1 版　2022 年 1 月第 1 次印刷
定　　价　48.00 元

《浙西柑橘病虫草害及绿色防控技术》

编 委 会

主　　任：高尚宾　刘明鹤

副 主 任：徐志宇　张金华　毛正荣　张卫峰　薛颖昊　徐　霄

编著人员

主 编 著：徐法三　王宏航　徐　霄　胡潇方

副主编著：毛正荣　徐南昌　莫小荣　孙　昊　吴　群

编著人员：王宏航　毛正荣　王亚茹　李诚永　季卫东　林晓军　吴　群　陈建国　郑　洁　徐法三　莫小荣　徐　霄　徐南昌　徐有祥　程全通　徐志宇　薛颖昊　孙仁华　李晓阳　胡潇方　冯浩杰　居学海　贾　涛　李欣欣　鲁天宇　杨午滕　孙　昊　刘代丽　文北若　李朝婷　焦明会

前　言

柑橘是浙江省衢州市农业主要产业之一，病虫草害防治科学与否事关产业的经济效益和橘园生态。尽管柑橘产业不断在提升，但还是有较多从业人员缺少病虫草害识别和防控技术，往往存在盲目打药现象，达不到绿色防控要求。本书编写人员根据多年从事柑橘病虫草害防控经验，以简明扼要的方式，介绍柑橘最主要的 31 种病虫草害的识别、为害症状及绿色防控技术，以提高柑橘产业人员病虫草害防控技术水平。

同时，为积极贯彻"公共植保""绿色植保""农业绿色发展"的理念，按照农药使用减量控害要求，着重介绍了当前柑橘病虫草害绿色防控技术主要措施，普及推广柑橘病虫草害绿色防控技术，以推动柑橘病虫草害防治方式转变，助力质量兴农、绿色兴农，推动农业绿色高质量发展。

本书紧密结合生产实际，反映柑橘病虫草害防治技术的最新趋势，技术实用，文字通俗易懂，图片逼真丰富等，对柑橘节本增效生产具有非常强的指导意义，是一本适合广大橘农、柑橘生产经营主体和基层农技推广人员参阅的工具书。

编著者

2021 年 2 月

目　录

第一章　柑橘主要病害

柑橘黑点病

柑橘黑点病（*Diaporthe citri*）已成为衢州市柑橘的最主要病害之一，果实整个生长期都能感病，以果实膨大期最易感病，严重影响鲜销果实的外观品质和销售价格。

【症状与为害】

为害果实、新叶、新梢和枝条。

新叶和新梢上发病开始产生透明退绿的针状小斑点，以后形成类似果实表面的褐色或黑褐色硬胶质小粒点。枝条上表现流胶型或干枯型症状。在暖湿季节表现流胶质型症状，病部组织松软，呈灰褐色，渗出褐色胶液，并发出恶臭，当天气干燥时，病势发展缓慢，病部逐渐干枯下陷，皮层开裂剥落，木质部裸露，形成隆起的疤痕。果实在谢花后至果实整个膨大期均可发病，表面形成褐色或黑色点状、线状、曲线状、环形或不定形的硬胶质小粒点（图 1–1 至图 1–4）。

【防治方法】

防治黑点病策略是“培健树体，清园降湿，施药保果”。关键技术一是增施有机肥增强树势，二是不断清除枯树、枯枝，减少菌源，三是辅以积极的药剂防治。

（1）农业防治。一是必施有机肥、喷施叶面肥，增强树势，培健树体，每株施生物有机肥 4 ～ 5 kg。二是做好橘园开沟排水，搞好“三疏”，降低橘园湿度，抑制病菌繁殖。三是做好冬季树干刷白，培土防冻，增强树体抗病能力。四是清除病源，不断做好清除枯枝、死树，并集中烧毁。五是避雨栽培，有条件的柑橘园大棚设施栽培，能有效控制发病。

（2）药剂防治。药剂防治要以保果为目的，选择有效药剂和掌握关键喷药时期至关重要。①施药时期。从幼果期果实 1 cm 左右开始（蜜橘、胡柚在 5 月中下旬，椪柑在 6 月上旬）到果实膨大期（8 月）。②施药时间。掌握在降雨后天气放晴或雨前施药。③施药间隔期。为 15 ～ 20 d，前期间隔短点、药剂浓度应高点。④药剂选择。 80% 代森锰锌 WP 300 ～ 500 倍液 +10%苯醚甲环唑 500 倍液，或 70% 丙森锌 WP 300～500 倍液 +10%苯醚甲环唑 500 倍液。

图 1–1　黑点病（叶片）

图 1–2　黑点病（枝叶）

图 1–3　黑点病（果）

图 1–4　胡柚黑点病

柑橘黄斑病

柑橘黄斑病（*Stenella citri*；*Phyllosticta* sp.）又称脂点黄斑病、脂斑病、褐色小圆星病，是子囊菌亚门球腔菌属的柑橘球腔菌侵染所致。在衢州以胡柚发生为重。栽培管理粗放、施肥不足的橘园造成树势衰弱；或不注意清园，积累大量菌源，均会发生重。

【症状与为害】

黄斑病以侵染春梢与果实为主。被侵染的春梢和秋梢通常以黄斑型症状为主；夏梢受侵染时，脂点黄斑型和褐色小圆星型两种病斑都会出现，夏秋梢较少发病。老叶重复侵染，入秋后老叶病症发生很快，并加快叶片脱落。明显病斑出现时间一般在 8 月下旬至翌年 3 月，褐色小圆星型病叶更明显。受黄斑病为害的叶片，易落叶，尤其在冻害发生的年份。

1. 叶片症状

（1）脂点黄斑型。新老叶片、果实、梢枝干上都会发生，隔年老叶上病斑较典型（以脂点黄斑居多）。初期病叶的背面出现淡黄色或黄褐色油浸疱疹状小粒点，呈现不规则淡黄色斑，几个或十几个群集在一起，边缘不明显，以后病斑扩展老化，颜色变深，形成不规则黄色、褐色至黑褐色的脂斑，每个病斑相对应的叶片正面可见不规则黄斑，边缘不明显，中部淡褐色至黑褐色颗粒状小点，病斑周围组织仍保持绿色（图 1–5，图 1–6），老弱叶片几乎整张叶片会黄化，引起大量落叶。蜜柑和椪柑一般在 7 月后内堂的老叶子上发生。

（2）褐色小圆星型。初在秋梢叶面出现赤褐色芝麻粒大小圆形斑点，直径 0.1 ～ 0.5 cm。病斑边缘突起，色深，中央凹陷，色较淡，后期病斑呈灰白色，上面生长黑色小粒点，为分生孢子器（图 1–7，图 1–8）。

（3）褐点斑型。多出现在胡柚的春梢叶片、枝梢干以及椪柑和蜜橘叶片上，初发时出现淡黄、黄褐色斑点，而后成为黑褐色脂点状突起斑点（图 1–9）。

（4）混合型。在同一片叶上同时出现脂点黄斑型、褐色小圆星型病斑以及黑点斑型 2 种或 2 种以上病斑（图 1–10）。

2. 果实症状

早期果实着色时，病斑周围果皮仍保持绿色，果皮表面出现 0.3 ～ 2.0 cm 大小不一的黄白色花斑，以后颜色加深，继而在果皮上出现黄褐色至红褐色病点斑，病斑不在果面上扩展，形成紫色或黑褐色不规则形，略突出于表面，有光泽。有的病斑与黑点病很相似，但斑点略微大点，6 月下旬出现明显病斑。严重时，其上有许多紫褐色的脂点状小斑点，严重的会产生大量油瘤污斑，总的呈褐点斑块型（图 1–11，图 1–12）。

【防治方法】

（1）农业防治。一是加强栽培管理，对树势弱、历年发病重的老树，应增施有机质肥料，并采用配方施肥，促使树势健壮，提高抗病力。二是抓好冬季清园，扫除地面落叶集中烧毁或深埋。

（2）药剂防治。结果树在谢花 2/3 时、未结果树在春梢叶片展开后，开始第 1 次喷药防治，相隔 20 d 和再相隔 30 d 左右各喷药 1 次，共 2 ～ 3 次。可选用 80% 代森锰锌可湿性粉剂 400 ～ 600 倍液 +10% 苯醚甲环唑水分散剂 600 ～ 800 倍液，或 70% 丙森锌可湿性粉剂 400 ～ 600 倍液 +10% 苯醚甲环唑水分散剂 600 ～ 800 倍液，也可在梅雨之前 2 ～ 3 d 喷第 1 次农药，隔 1 个月左右再喷 1 次。

图 1–5 脂点黄斑型（正面）

图 1–6 脂点黄斑型（反面）

图 1–7 褐色小圆星型（背面）

图 1–8 褐色小圆星型（正面）

图 1–9 褐点斑型

图 1–10 脂点黄斑与褐点斑型

图 1–11 果实症状（胡柚幼果）

图 1–12 果实症状（胡柚果）

柑橘疮痂病

柑橘疮痂病（*Sphaceloma fawcetti* Jenk.）病菌属半知菌。受其为害，新梢生长不良，严重时引起大量幼果、嫩叶脱落，未落果实小、畸形，影响果实品质，影响果品价格。

【症状与为害】

为害新梢，叶片和幼果，也为害花器。受害叶片初现油浸状小点，随之逐渐扩大，呈蜡黄色至黄褐色，后变灰白至灰褐色，形成向一面突起的直径 0.3 ～ 2 mm 的圆锥形疮痂状木栓化病斑，似牛角或漏斗状，表面粗糙。叶片正反两面都可生病斑，但多数发生在叶片背面，不穿透两面，病斑散生或连片，为害严重时使叶片畸形扭曲，病斑直径为 0.3 ～ 2 mm（图 1–13，图 1–14）。新梢受害症状与叶片相似，但突起不明显，病斑分散或连成一片，枝梢短小扭曲。花瓣受害很快脱落，果实受害后，在果皮上常长出许多散生或群生的瘤状突起，幼果发病多呈茶褐色腐烂脱落（图 1–15）；稍大的果实发病产生黄褐色木栓化的突起（图 1–16），畸形易早落，果实大后发病，病斑往往变得不太显著，但皮厚汁少；果实后期发病，病部果皮组织一大块坏死，呈癣皮状剥落，下面的组织木栓化，皮层较薄，久晴骤雨常易开裂。

【防治方法】

（1）农业防治。一是结合春季发芽前的修剪，剪去病梢和病叶，并清除园内落叶，一并烧毁，保持树冠通风透光。二是减少菌源，结合冬春季修剪，剪除枯病枝叶和过密郁闭枝条，并清除地面枯枝落叶，减少初侵染来源。三是强肥水管理，及早预防其他病虫，促树势健壮，新梢抽发整齐，可增强抗病力。四是适期避雨，有条件的柑橘园从开始谢花起避雨 3 ～ 4 周，能有效控制发病。

（2）药剂防治。药剂防治喷药保护的重点是嫩叶和幼果，在春梢新芽萌动至芽长 2 mm 前喷药保护春梢，在谢花 2/3 时喷药保护幼果、第 3 次生理落果期谢花 2/3 后约 20 d。选用药剂：20%

氟唑·苯醚 SC（美甜）2000 倍液、20% 氟唑菌酰羟胺 SC（麦甜）2000 倍液、32.5% 嘧菌·苯醚 SC 2000 倍液、10% 苯醚甲环唑 WG 800 倍液、75% 多菌灵·代森锰锌 WP（飒复）600 倍液、60% 唑醚·代森联 WG（百泰）1000 倍液、75% 肟菌·戊唑醇 WP（拿敌稳）3000 倍液。

图 1–13　疮痂病新叶

图 1–14　疮痂病老叶

图 1–15　疮痂病果（一）

图 1–16　疮痂病果（二）

第二章　柑橘主要虫害

柑橘潜叶甲

柑橘潜叶甲（*Podagricomela nigricollis* Chen）又叫拟恶性叶甲，为害柑橘类，以胡柚、香袍、葡萄柚、蜜橘发生重，近年在衢州发生为害逐年趋重。成虫取食叶背面的叶肉和嫩芽，留下叶面表皮，使被害叶上留下很多透明斑（图 2–1）；幼虫潜入叶内取食叶肉，使叶上出现宽短亮泡状或长形弯曲的蛀道。受害严重时引起落叶、落花、落果。

【形态特征】

成虫体长 3 ～ 3.7 mm，体宽 1.7 ～ 2.5 mm，宽椭圆形。头和复眼均为黑色，触角丝状，11 节，基部 3 节黄褐色，其余节黑色，前胸背板黑色，有光泽，多小刻点；鞘翅橘黄色，每鞘翅纵列刻点行 11 列，较清楚可见 9 列；足黑色，后足腿节膨大。腹部枯黄色，雄虫腹板末端 3 裂状，中央凹，雌虫腹板末端圆形，中央不凹。卵长 0.68 ～ 0.86 mm，宽 0.29 ～ 0.46 mm，椭圆形，米黄色至黄色，表面具网状纹，覆盖着黑褐色粪便，横粘在叶上（图 2–2）。老熟幼虫体长 4.7 ～ 7.0 mm，深黄色。头部色较淡，边缘略带淡红黄色；触角 3 节，蛹长 3 ～ 3.5 mm，体宽 1.9 ～ 2.0 mm，淡黄色至深黄色，椭圆形。头部弯向腹面。

【防治方法】

（1）农业防治。一是在冬、春季结合清园，堵塞树洞，除掉树干上的霉桩、地衣、苔藓等成虫藏身之地。在 4—5 月受害叶脱落后应及时扫集、烧毁，以消灭暂留在落叶中的幼虫。二是利用成虫的假死习性，在成虫盛发为害期，地面铺塑料薄膜，振动树冠，收集落下的成虫，集中烧毁。

（2）药剂防治。成虫和幼虫为害春梢和早夏梢，可在越冬成虫活动期和产卵高峰期各喷药 1 次。药剂 2.5% 高效氯氟氰菊酯乳油 1500 倍液、2% 阿维菌素乳油 2000 倍液、10% 吡虫啉可湿性粉剂 800 倍液。

图 2–1　潜叶甲为害

图 2–2　潜叶甲成虫产卵

柑橘红蜘蛛

柑橘红蜘蛛（*Panonychus citri* McGregor）又称橘全爪螨、瘤皮红蜘蛛、红姨、红蚁、火风，是目前我国柑橘种植区普遍发生最严重的害虫之一。该螨除为害柑橘类植物外，还可为害樱桃、柿、苹果、梨、葡萄、核桃、枣、茶、桑、月季、玉兰、南天竹、美人蕉等。橘全爪螨用刺吸式口器刺吸柑橘的叶片、嫩枝、花蕾及果实等器官的绿色组织，但以叶片受害最为严重。叶片被害后，为害较轻的产生许多灰白色小点，严重时整片叶子都出现灰白色，引起落叶，对柑橘树的树势与产量产生较大的影响（图 2–3，图 2–4）。

【形态特征】

①卵。为球形略扁平，初为橘红色，后为鲜红色，直径约为 0.12 ～ 0.14 mm，中央有一直立的卵柄，柄端有 11 ～ 12 条细丝，向四周伸出，附着于叶面上（图 2–5）。②幼螨。形状色泽近似成螨，体积小（图 2–6）。③成螨。雌成螨体积椭圆形，似半球形，长约 0.32 ～ 0.41 mm，背上有瘤状突起，上寄生白色刚毛，体深红至暗红，足 4 对，黄白色；雄成螨体鲜红色，瘦长，比雌成螨明显体小，呈楔形。

【防治方法】

防治柑橘红蜘蛛的关键时期是在春季发芽至开花时。用药注意轮换和混合使用，并采取适当的浓度。成年树应抓好早春及晚秋，苗圃、大棚栽培及幼树除春秋季外，还应加强冬季防治。

图 2–3　红蜘蛛为害叶片症状

图 2–4　红蜘蛛为害果实症状

（1）生物防治。提倡留草栽培，可以保护和利用捕食螨和食螨瓢虫等天敌，起到一定的控制红蜘蛛的目的，又可减少土壤流失，保持水肥，自动调节果园小气候环境。在3—5月和9—10月，在害螨虫口平均每叶2头以下的橘树上，每株释放尼氏钝绥螨或纽氏钝绥螨200～400头，放后一个月左右可有效地控制其为害。当猎物密度过高时，尼氏钝绥螨控制效果优于纽氏钝绥螨，但纽氏钝绥螨田间种群比尼氏钝绥螨稳定。

（2）药剂防治。选用的药剂：30%乙唑螨腈SC 4000倍液、11%乙螨唑SC 4000倍液、50%氟啶胺SC 2000倍液。

图2-5　红蜘蛛成若虫及卵

图2-6　红蜘蛛成若虫及天敌

柑橘蚧壳虫

（一）柑橘红蜡蚧

柑橘红蜡蚧（Geroplastes rubens Maskell）属同翅目、蜡蚧科。柑橘红蜡蚧寄主范围较广泛，除为害柑橘外，还可为害枇杷、石榴、樱桃、柿、无花果、梨、茶等60多种果木。以成虫和若虫群集枝梢、叶片、果梗上吸汁为害，并分泌蜜露诱发烟煤病，严重影响光合作用，致植株树势衰弱，产量降低（图2-7，图2-8）。

【形态特征】

①成虫。雌成虫体长 2.5 mm，卵形，背面向上隆起。触角 6 节。口器较小，位于前足基节间。足小，胫节略粗，跗节顶端变细。前胸、后胸气门发达喇叭状。虫体外蜡质覆盖物形似红小豆。老熟成虫的 4 个气门具白色蜡带 4 条上卷，介壳中央具一白色脐状点（图 2–9）。雄成虫体暗红色。②卵。卵椭圆形，浅紫红。若虫扁平椭圆形，红褐色至紫红色。③若虫。初孵若虫，扁平椭圆形，长 0.4 mm，红褐色，腹部末端有 2 长毛。2 龄时呈椭圆形稍突起，紫红色，体表被白色蜡质（图 2–10）。3 龄时体长圆形，蜡壳加厚。老熟若虫体长约 0.9 mm。④蛹。前蛹和蛹的蜡壳均为暗紫红色，蛹体长淡黄色。⑤茧。茧椭圆形，暗红色。

【防治方法】

（1）农业防治。一是对蚧壳虫猖獗危害的柑橘园，应抓住冬、夏修剪，特别是 5 月下旬至 6 月中旬进行夏季重剪虫枝，更新枝冠。二是加强爬水管理，促抽发新梢，恢复枝势。

图 2–7　红蜡蚧老蚧

图 2–8　红蜡蚧老蚧及若虫

（2）生物防治。注意保护利用和引放天敌。

（3）药剂防治。应掌握当地初孵幼蚧大量爬上新梢，为害时（约在 5、6 月间）连续喷药 1 ～ 2 次，隔 10 ～ 15 d 喷 1 次。药剂可选用：2% 阿维菌素 EC 1500 倍 +20% 啶虫脒 SP 2000 倍液、25% 噻嗪酮 WP 1000 倍液 +20% 啶虫脒 SP 2000 倍液。

图 2-9　红蜡蚧老蚧（孵化）

图 2-10　红蜡蚧若虫

（二）柑橘红圆蚧

柑橘红圆蚧［*Aonidiella aurantii*（Maskell）］又称红圆蹄盾蚧、黄圆蚧，属同翅目盾蚧科，蹄盾蚧属。柑橘红圆蚧为害柑橘、梨、葡萄、无花果等。主要为害叶片、果实，有时也为害枝条。发生严重时，能使枝叶枯死（图 2-11 至图 2-13）。

【形态特征】

①雌成虫。介壳扁圆形，直径 1.8 ～ 2 mm。第一壳点在中央，略突起，颜色较深，呈暗褐色。壳点中央略尖，呈脐状。边缘平阔，红棕色。介壳透明，可窥见内部肾脏形之虫体（图 2-14）。②雄成虫。体橙黄色，眼紫色，有触角和翅各 1 对，足 3 对，尾部有一针状之交尾器。体长 1 mm，翅展 1.8 mm，雄介壳椭圆形，淡灰黄色，外缘色淡，蜕皮偏向一端，长 1 mm。③卵。宽椭圆形，淡黄色到橙黄色。④若虫。橙黄色，阔卵形。

【防治方法】

（1）保护利用天敌。本地橘园中红圆蚧天敌以蚜小蜂（*Aphytis* sp.）为主，还有瓢虫类的红点唇瓢虫（*Chilocorus Kuwanae* Silvestri）、捕食性蓟马等，应注意保护利用。

（2）药剂防治。红圆蚧的防治适期在低龄若虫盛发高峰期，全年用药需抓住 2 个关键时期。一是 5 月初及时施 1 次药，如虫量较大的果园，隔 10 d 左右再喷药 1 次。二是 8 月上旬第一代低龄幼蚧盛发高峰期喷 1 次药，防止幼蚧转移到果实上为害。药剂可选用 5% 阿维菌素乳油 1200 倍液 +20% 啶虫脒水剂 2000 倍液、25% 噻嗪酮 WP 1000 倍液 +20% 啶虫脒 SP 2000 倍液。

图 2–11 黄圆蚧为害（果面近景）

图 2–12 黄圆蚧为害（果面远景）

图 2–13 黄圆蚧为害（果面和叶片）

图 2–14 黄圆蚧

（三）柑橘长白蚧

柑橘长白蚧（*Leucaspis japonica*）又称日本长白蚧、长白盾蚧、梨白片盾蚧。属同翅目，盾蚧蚧科。还为害柠檬、茶、梨、葡萄、柿、无花果等。若虫和成虫以刺吸式口器吸食植株汁液。使植株叶片瘦小，发生严重时可造成大量落叶，甚至整株死亡（图 2–15）。

【形态特征】

①成虫。雌成介壳灰白色，长纺锤形，壳点位于介壳前端，褐色卵圆形；雌成虫体呈梨形，黄色。雄成虫介壳虫与雌介壳相似，略小些；雄成虫体细长，淡紫色，具翅一对，白色，半透明，腹末有一针状交尾器（图 2–16）。②卵。淡紫色，椭圆形（图 2–17）。③若虫。初孵若虫淡紫色椭圆形，末龄若虫淡黄色梨形（图 2–18）。④蛹。紫色倒长卵形。

【防治方法】

（1）农业防治。切实抓好春季清园，降低越冬代长白蚧的虫口基数。通过春季清园杀灭越冬代低龄蚧，从而使第一代长白蚧的虫龄相对一致，孵化期相对集中，有利于当年第一代长白蚧的防治。

（2）药剂防治。坚持对长白蚧采取狠治一代的防治策略，以彻底减少危害基数。第一代长白蚧孵化期较集中，通常在 30 d 左右，坚持二次连治，即第一次用药在 5 月 20 日前后，第二次用药在 6 月 5—10 日（兼治黑刺粉虱、红蜡蚧、红黄圆蚧、蚜虫），最大限度降低第一代基数，虫口低的橘园二、三代可以不治。喷药要仔细、周到，防治漏喷。特别是长白蚧聚居的主干、枝、叶背等内膛部位要喷到，喷药量要足，在喷药期间遇高温低湿天气尤为重要。药剂可选用：2% 阿维菌素 EC 2000 倍液 +20% 啶虫脒 SP 2000 倍 +99% 矿物油 500 倍液、25% 噻嗪酮 WP 1000 倍液 +20% 啶虫脒 SP 2000 倍液 +99% 矿物油 500 倍液。

二、三代长白蚧由于孵化期长，达到 70 ～ 100 d，很难掌握孵化高峰，不提倡开展普治，橘农可结合防治其他柑橘病虫时进行兼治。

图 2-15 长白蚧（枝条上）

图 2-16 长白蚧老蚧

图 2-17 长白蚧老蚧及卵

图 2-18 长白蚧老蚧及若虫

柑橘锈壁虱

柑橘锈壁虱（*Phyllocoptruta oleivora* Ashmead）又称锈螨、锈蜘蛛、火柑子、黑皮柑，属蛛形纲，碑螨目，瘿螨科。成螨和幼、若螨均群集在柑橘绿色部分为害，但主要在果面和叶背刺破表皮细胞，吸食汁液。细胞被破坏后，所含芳香油溢出，在空气中氧化变为褐色至污黑色。被害果皮出现褐色至黑褐色不定形大斑块，严重时全果变黑，果皮粗糙，满布网状龟裂细纹，品质变差，降低商品价值；早期受害，果形变小，影响产量较大。被害叶片背面变为黄褐至褐色，严重时逐渐枯黄脱落，影响树势和翌年结果（图 2–19 至图 2–21）。

【形态特征】

①成虫。成螨体长 0.1 ～ 0.2 mm，黄白色，肉眼不易见，头部附近有足二对，体躯前部较粗，尾端较细（图 2–22）。②幼虫。若螨似成虫，体灰白色至浅黄色。③卵。圆球形，灰白色，半透明。

【防治方法】

对柑橘锈螨的防治，应采取加强监测、合理使用农药、加强栽培管理和保护利用天敌等综合防治措施。

（1）农业防治。加强栽培管理，结合整枝修剪，剪除过密枝条和病虫卷叶，使树冠通风透光，减少越冬虫源，种植覆盖植物，旱季适当灌溉，保持园内湿度等生态环境，可减少锈螨的发生为害。

（2）保护利用天敌。注意施用选择性药剂和合理用药，保护各种天敌，如在锈螨盛发期，应当避免用波尔多液防病。

（3）药剂防治。可选用 1.8％阿维菌素乳油、80％代森锰锌 WP 500 倍液防治。

图 2–19　锈壁虱果（胡柚）

图 2–20　锈壁虱果（椪柑）

图 2–21 锈壁虱果（衢橘）

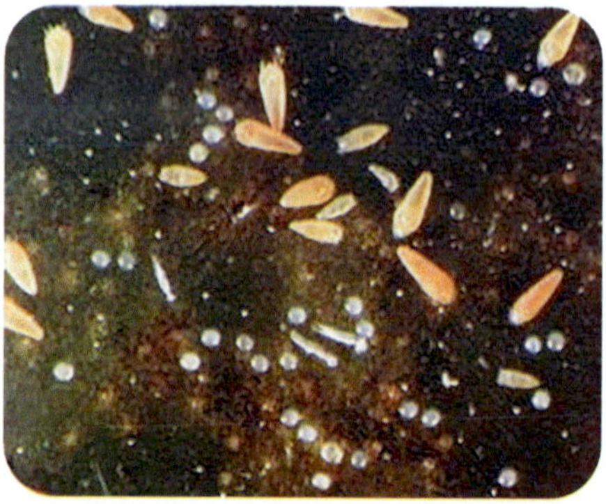
图 2–22 锈壁虱

天 牛

（一）褐天牛

褐天牛（*Nadezhdiella cantori*）成虫俗称黑牯牛、牵牛虫。幼虫为害树干和大枝，受害橘树的水分和养分输送受阻，树势衰弱或蛀道纵横交错，秋季造成树干流汁，木质部被蛀空后，干旱时树干和枝干易被风折断（图 2–23）。

【形态特征】

①成虫。体长 26～51 mm，宽 10～14 mm。体黑褐色到黑色，有光泽，被灰黄色短绒毛。头胸背面稍带黄褐色。头顶至额中央有一深沟，触角基瘤隆起。雄虫触角超过体长 1/2 ～ 2/3，雌虫触角较体略短。前胸背板除前后两端各具一、二条横脊外，余呈脑状皱纹，被灰黄色绒毛，两侧各具刺状突起 1 个。鞘翅刻点细密，肩角隆起（图 2–24，图 2–25）。②卵。长 2 ～ 3 mm，卵圆形，黄褐色。③幼虫。老熟幼虫体长 50 ～ 60 mm，乳白色，前胸背板前方有横列成 4 段的黄褐色宽带，位于中央的 2 段较长，两侧较短，有

胸足 3 对。中胸腹面、后胸及腹部第 1 ～ 7 节的背腹两面均有移动器（图 2-26）。④蛹。体长约 40 mm，乳白色或淡黄色，翅芽达腹部第 3 节末端。

【防治方法】

（1）农业防治。一是加强果园管理，促使果树生长旺盛，树干光滑，使之不利于天牛产卵和生存。枝干上的孔洞要用水泥、河沙或黏土堵塞。及早剪除被害枝梢。二是根据褐天牛成虫喜欢在夜间活动，在树洞中交尾，特别是闷热的晴天夜晚外出活动，白天藏在树洞中，露出触角，或在幼树的枝干分杈、伤口处，及时捕杀成虫，阻止成虫产卵，可在夜间进行捕捉。三是夏至前后，在天牛产卵部位及低龄幼虫为害处，用刀予以刮杀。在橘树根颈部培上厚土，防止成虫产卵，至 6 月中旬前后扒去泥土，除去虫卵和初孵幼虫，培土覆盖。

（2）释放天敌。按每棵树释放 3 头花绒寄甲、每 5 棵树 1 头管肿腿蜂。

（3）药剂防治。一是在成虫产卵前用水泥食盐水（5∶0.25∶2）混合液或石灰浆刷主干、主枝，阻止成虫产卵。在成虫产卵之前，将树干基部的泥土扒开，喷洒 80% 敌敌畏乳剂 200 倍液于根际周

图 2-23　褐天牛为害状

图 2-24　褐天牛成虫（一）

围，并保持树干清洁，防止成虫产卵。二是分别在 9 月下旬前后与 4 月上旬前后，检查树体，凡有新鲜虫粪，先将虫粪扒开，用钢丝钩杀幼虫。如果幼虫已侵入木质部较深，可在清除虫道中的粪屑以后，用脱脂棉或废纸蘸 5% 阿维菌素 EC 200 倍液、22% 噻虫·高氯氟 SC 200 倍液塞虫孔，或稀释数倍后，用针管注入虫孔内毒杀，均再用湿泥封堵，勿使其药性走漏，可以收到良好的杀虫效果。

图 2–25　褐天牛成虫（二）

图 2–26　褐天牛幼虫

（二）星天牛

星天牛（*Anoplophora chinensis*）成虫俗称花牯牛，幼虫称盘根虫或围头虫。寄主较多，幼虫蛀食树皮，并排除木屑堵塞虫道，虫道多螺旋形，严重时造成根颈环割切断养分和水分供应，虫伤处树干流汁，为害轻者植株部分枝叶变黄干枯，重者全株枯死（图 2–27）。

【形态特征】

成虫长 22 ～ 39 mm，宽 6 ～ 14 mm。漆黑色并且有光泽，鞘翅背面具许多白色绒毛斑纹，排成近 5 横列。雄虫的触角略长于身体 1 倍，雌虫触角仅超过体长。前胸背板中瘤明显，侧刺突粗壮；鞘翅基部密布颗粒（图 2–28，图 2–29）。卵长 5 ～ 6 mm，长椭圆形，淡黄色。老熟幼虫体长 45 ～ 70 mm，前胸宽 12.5 mm。淡黄色。前胸背板后方有 1 块黄褐色“凸”形大斑纹，无胸足（图 2–30）。蛹体长 19 ～ 30 mm，前胸宽 8 mm，淡黄色或乳白色。

【防治方法】

参考褐天牛的防治。

图 2–27 星天牛为害状

图 2–28 星天牛

图 2–29 星天牛在交配

图 2–30 星天牛幼虫

柑橘吸果夜蛾

柑橘吸果夜蛾类害虫分类上属于鳞翅目、夜蛾科。吸果夜蛾是对一些以成虫在夜间飞往果园为害果实的夜蛾科害虫的统称，其种类多达 50 种以上，常见的也有近 20 种，就为害柑橘类果实的吸果夜蛾来说，主要有嘴壶夜蛾（*Oraesia emarginata* Fabricius, 在广州地区占 60% 以上）、鸟嘴壶夜蛾（*Oraesia excavata* Butler）、枯叶夜蛾（*Adris tyrannus* Guenee）、桥夜蛾（*Anomis mesogona* Walker）、落叶夜蛾（*Ophideres fullonica* Linnaeus）、艳叶夜蛾（*Eudocima salaminia* Cramer）、月牙巾夜蛾（*Parallelia analis* Guenee）等，其中又以嘴壶夜蛾和鸟嘴壶夜蛾为主。

成虫在柑橘果实近成熟时，以口器刺破果皮，插入果肉内吸食汁液。被害果刺孔周围常表现仅现一小孔，内部果肉呈海绵状或腐烂，早期为害不易被发现，常在贮运中造成腐烂（图 2–31）。

【形态特征】

吸果夜蛾成虫（图 2–32）为体中型（多数）至大型（少数）的褐色蛾子，翅上斑纹各异。

（1）嘴壶夜蛾。成虫体长 16 ～ 21 mm，翅展 36 ～ 40 mm，体褐色，下唇须鸟嘴形；前翅棕褐色，翅尖突出，外缘中部突出成角状，后缘中部具缺刻（凹陷），翅上有红褐色三角形纹和科“h”形纹。幼虫体黑色，各体节有一大黄斑。

（2）鸟嘴壶夜蛾。成虫蛾子体较嘴壶夜蛾为大（体长 23 ～ 26 mm，翅长 49 ～ 51 mm），体呈灰褐色，前翅紫褐色，其翅型与嘴壶夜蛾的相似，所不同的是：翅尖更突出并呈钩形；外缘中部亦向外突出但呈圆突；后缘中部缺刻（凹陷）更深。幼虫体灰黄色，体背及腹面各有 1 条灰黑色宽带。

【防治方法】

（1）抓好果园规划。吸果夜蛾以山区果园受害较重，在山区、半山区和丘陵区发展果园时，尽量选择植被简单的孤立小山或丘陵地。在周围尽量混栽干果树。

（2）农业防治。一是铲除幼虫寄主，铲除柑橘园四周植物木防己、鸡屎藤、汉防己、木通、十大功劳等植物。二是种植木防己诱集圃，引诱成虫产卵，集中消灭卵和幼虫。三是附近四周避免种植花生、木槿、芙蓉、小蓟等幼虫寄主作物。

（3）灯光诱杀。6 月下旬至 9 月，在园内设 40 W 金黄色荧光灯或白炽灯（8 ～ 10 盏 /hm^2）可起忌避诱杀作用，能减少吸果夜蛾为害数量。另外用香芳油纸片挂于橘树四周也有较好的忌避效果（8 ～ 10 张 / 株，5 cm×7 cm/ 张、10 mm 香茅油 / 株，晚上挂放，白天收回密封保存，可连续使用一定时间）。

（4）人工捕杀。在柑果被害前或被害初期，可将甜瓜切片小块悬挂园内，夜间捕捉成虫。在果实被害期将烂果堆放园内诱成虫捕捉之。

（5）药剂防治。开始为害时喷洒 5.7% 百树得乳油或 2.5% 功夫乳油 2000 ～ 3000 倍液。

图 2–31　吸果夜蛾为害

图 2–32　吸果夜蛾成虫

柑橘潜叶蛾

柑橘潜叶蛾（*Phyllocnistis citrella* Stainton）是柑橘的主要害虫。以幼虫潜入嫩叶、嫩梢的表皮下取食，蛀成不规则的银白色隧道，引致叶片畸形卷曲，容易落叶，严重影响光合作用，影响幼树生长和结果。被害的卷叶又常是柑橘红蜘蛛、卷叶蛾等害虫的“避难所”和越冬场所。更严重的是潜叶蛾为害叶片和枝条所造成的伤口，最易被柑橘溃疡病病原细菌所入侵，贻害更大。

【形态特征】

柑橘潜叶蛾属鳞翅目、叶潜蛾科。成虫（图 2–33）体长约 2 mm，翅展约 5.3 mm。全体银白色。翅狭长，前翅基部有 2 条褐色纵纹，中部有黑色“Y”字纹，末端缘毛上有一黑色圆斑。卵椭圆形，长 0.3 ～ 0.6 mm，无色透明，单产于叶主脉附近（图 2–34）。幼虫（图 2–35）黄绿色，无足，体扁平，梭形尖细，潜入寄主表皮下，老熟时体长约 4 mm，末端有一对细长的尾状物。蛹（图 2–36）梭形、黄褐色，长约 2.8 mm，腹部 1 ～ 6 节两侧各有一瘤状突，其上各生一条刚毛；末节后缘两侧各有一肉质刺。化蛹于叶缘。

【防治方法】

（1）农业措施。抹芽控梢，摘除并处理过早或过晚抽发不齐的嫩梢，去早留齐，去零留整，加之肥水控制，促使夏秋梢抽发整齐健壮，结果树一般不留夏梢，选留秋梢时，避开潜叶蛾产卵高峰期，选留早秋梢或晚秋梢较好，缩短新梢嫩叶期，减少潜叶蛾的食料，降低虫口密度，减少虫源是防治该虫的关键。柑橘冬季则结合清园修剪，剪除被害枝叶，扫除枯枝落叶集中烧毁，减少越冬虫口源。适时放梢，产卵低峰期统一放梢是防治技术的重点，结果树在每年 7 月 20 日前后抹尽夏梢，统一放秋梢，减轻为害。

（2）生物防治。使用性诱剂吸引橘园四周寻求交配的雄蛾，将其诱杀在诱捕器中，使雌虫失去交配的机会，不能有效地繁殖后代，减少蛾类，从而达到防治的目的。按每 25 ～ 30 m 设置 1 个性诱剂及诱捕器或每亩[①]设置 3 ～ 4 个性诱剂及诱捕器悬挂在树干上，诱芯悬挂高度以诱芯距地面 1.5 m 左右为宜，每 30 d 诱芯更换 1 次。

（3）药剂防治。当夏、秋梢芽长至 3 mm 时或在新芽抽出 50% 时喷第一次药，以防治成虫为主；在傍晚连续喷药 2 ～ 3 次，每隔 6 ～ 7 d 一次，直到新梢木质化。若已潜入叶内的低龄幼虫，一般可于中午喷药效果较好。效果较好的药剂有：25%灭幼脲悬浮剂 1000 倍液、20%杀灭菊酯 8000 倍液、0.3%印楝素 1000 倍液（在释放捕食螨的果园用此药剂），或 2% 甲维盐 2000 倍液或 1.8%阿维菌素 3000 倍液或 22%噻虫 · 高氯氟 SC 2500 倍液、5% 虱螨脲 EC 1500 倍液等。在喷药防治时注意不同种类的药剂要轮换施用，以免抗药性的产生。

图 2-33 潜叶蛾成虫

图 2-34 潜叶蛾为害及卵

图 2-35 潜叶蛾幼虫

图 2-36 潜叶蛾蛹

① 1 亩≈ 667 m^2。

橘　蚜

橘蚜［*Toxoptera citricidus*（Kirkaldy）］，又称蚁蚜、腻虫、腻虫、橘蚰。寄主植物有柑橘、桃、梨、柿等。成虫和若虫聚集在柑橘新梢、嫩叶、花蕾和花上吸食汁液，为害严重时常造成叶片卷曲、新梢枯死、幼果和花蕾脱落，并分泌大量蜜露，诱发烟煤病，使枝叶发黑，影响光合作用，削弱树势，降低产量及品质。使树体生长不良，落花、落果，影响产量。另外，橘蚜亦是传播衰退病的媒介。

【形态特征】

无翅孤雌蚜体宽卵圆形，长宽 2.0 mm×1.3 mm。体黑色，有光泽，复眼红黑色。喙黑色，粗大。体背网纹近六角形，腹网纹横长，腹部缘片表面有微锯齿。前胸和腹部 1、7 节有乳头状缘瘤。中胸腹岔有短柄。触角长 1.7 mm 有瓦纹。腹管长 0.36 mm，长筒形，上有刺突组成的瓦纹。有翅孤雌蚜体长卵形，长宽 2.1 mm×1 mm。头、胸部黑色，腹节背面，1 节有细横带，3 ～ 6 节有对大绿斑，腹管前斑大后斑小。触角黑色，第 3 节上有圆形感觉圈 11 ～ 17 个，翅 – 脉褐色，前翅中脉分 3 叉，翅痣淡黄色。无翅雄蚜与无翅孤雌蚜相似，体深褐色，后足胫节特别膨大，触角第 5 节端部仅有 1 个感觉圈。有翅雄蚜与有翅孤雌蚜相似，雌触角第 3 节上有感觉圈 45 个，4 节 27 个，5 节 14 个，6 节 5 个。卵为椭圆形，淡黄色至黑色。长 0.6 mm。若虫体黑褐色，复眼红黑色，分有翅、无翅两型。有翅型在三、四龄时长出翅芽，土黄色，末龄体长 2.2 mm（图 2–37）。

【防治方法】

（1）农业防治。冬夏结合修剪。剪除被害及有虫、卵的枝梢，刮除大枝上越冬的虫、卵，消灭越冬虫源，夏、秋梢抽发时，结合摘心和抹芽，去除零星新梢、打断其食物链，以减少虫源，剪除全部冬梢和晚秋梢，以消除其上过冬的虫口，压低过冬虫口基数。

（2）利用天敌。已知蚜虫的天敌近 200 种，其中瓢虫、草蛉、食蚜蝇、寄生蜂和寄生菌等都是很有效的天敌，在柑橘园内尽可能地采用挑治、涂干等方法防治，以保护利用天敌。春夏橘园蚜虫盛发时，可从麦田、油菜地引种瓢虫、草蛉和蚜茧蜂、小蜂等释放到橘园。

（3）药剂防治。在新梢有蚜率 25%左右时选用下列药剂挑治或防治：10%吡虫啉 WP 2500 ～ 5000 倍液、30%啶虫脒 EC 2500 倍液、5% 阿维菌素 EC 1500 倍液。

图 2–37 柑橘蚜虫

柑橘粉虱

柑橘粉虱［*Dialeurodes citri*（Ashmead）］寄主有柑橘、柿、栀子、女贞和丁香等。主要是为害春、夏梢，若虫群集叶背吸食汁液，抑制植物及果实发育，诱发煤烟病，引起枯梢，果实生长缓慢，以致脱落。

【形态特征】

①雌成虫。体长 1.2 mm，翅半透明，黄色，被有白色蜡粉（图 2–38）。翅半透明，亦敷有白色蜡粉。复眼红褐色，分上下两

部，中有一小眼相连。触角第 3 节较 4、5 两节之和为长，第 3 ～ 7 节上部有多个膜状感觉器。②雄成虫。体长 0.96 mm，阳具与性刺长度相似，端部向上弯曲。卵椭圆形，长 0.2 mm，宽 0.09 mm，淡黄色，卵壳平滑，以卵柄着生于叶上。若虫初孵时，体扁平椭圆形，淡黄色，周缘有小突起 17 对。③蛹。蛹壳略近椭圆形，自胸气道口至横蜕缝前的两侧微凹陷。胸气道明显，气道口有两瓣。成虫末羽化前蛹壳呈黄绿色，可以透见虫体；羽化后的蛹壳呈白色，透明，壳薄而软，长 1.35 mm，宽 1.4 mm，壳缘前、后端各有 1 对小刺毛，背上有 3 对疣状的短突，其中 2 对在头部，1 对在腹部的前端。管状孔圆形，其后缘内侧有多数不规则的锐齿。孔瓣半圆形，侧边稍收缩，舌片不见。靠近管状孔基部腹面有细小的刚毛 1 对。

【防治方法】

（1）农业防治。剪除密集的虫害枝，使果园通风透光。加强肥水管理，增强树势。

（2）生物防治。引移刀角瓢虫或在多雨重雾季节采集已被粉虱座壳孢寄生虫体的枝叶，带至荫蔽潮湿粉虱发生的橘园散放，或人工培养制成粉虱座壳孢孢子悬浮田间喷射。

（3）药剂防治。在同一发生区域内，必须掌握防治适期（若虫孵化盛末期，7 月中旬前后）统一进行防治。可选用药剂：2% 阿维菌素 EC 2000 倍液 + 99% 矿物油 500 倍液。

图 2–38 柑橘粉虱

第三章　柑橘主要草害

白　茅

白茅 [*Imperata cylindrica*（L.）Beauv.] 是禾本科、白茅属多年生草本植物。

【形态特征】

多年生草本，具有粗壮的长根状茎。秆直立，高 30 ～ 80 cm，具有 1 ～ 3 节，节无毛（图 3–1，图 3–2）。

叶鞘聚集于秆基，基长于其节间，质地较厚，老后破碎呈纤维状；叶舌膜质，长约 2 mm，紧贴其背部或鞘口具柔毛，分蘖叶片长约 20 cm，宽约 8 mm，扁平，质地较薄；秆生叶片长 1 ～ 3 cm，窄线形，通常内卷，顶端渐尖呈刺状，下部渐窄，或具柄，质硬，被有白粉，基部上面具有柔毛。

圆锥花序稠密，长 20 cm，宽达 3 cm，小穗长 4.5 ～ 6 mm，基盘具长 12 ～ 16 mm 的丝状柔毛；两颖草质及边缘膜质近相等，具 5 ～ 9 脉，顶端渐尖或稍钝，常具纤毛，脉间疏生长丝状毛，第一外稃卵状披针形，长为颖片的 2/3，透明膜质，无脉，顶端尖或齿裂，第二外稃与其内稃近相等，长约为颖之半，卵圆形，顶端具齿裂及纤毛；雄蕊 2 枚，花药长 3 ～ 4 mm；花柱细长，基部多少连合，2 柱头，紫黑色，羽状，长约 4 mm，自小穗顶端伸出。

颖果椭圆形，长约 1 mm，胚长为颖果之半。花果期为 4—6 月。

【生长环境】

适应性强，耐阴、耐瘠薄和干旱，喜湿润疏松土壤，在适宜的条件下，根状茎可长达 2 ～ 3 m，能穿透树根，断节再生能力强。

【植物危害】

为害果园、茶园、桑园、苗圃等旱地作物。

【防治方法】

人工或机械挖除；采用杀根作用的除草剂防除，在枝节抽穗期进行叶面喷雾效果较好；可结合种植绿肥覆盖地表，进行综合治理。

图 3–1　白茅

图 3–2　白茅根

商　陆

商陆（*Phytolacca acinosa* Roxb.）是商陆科、商陆属多年生粗壮草本植物。别名：章柳、山萝卜、见肿消、倒水莲、金七娘、猪母耳、白母鸡。在中国现有分布的品种中主要有商陆（野萝卜）和垂序商陆（美商陆、美洲商陆、十蕊商陆）。

【形态特征】

多年生草本，高 0.5 ～ 1.5 m，全株无毛。根肥大，肉质，倒圆锥形，外皮淡黄色或灰褐色，内面黄白色。茎直立，圆柱形，有纵沟，肉质，绿色或红紫色，多分枝。叶片薄纸质，椭圆形、长椭圆形或披针状椭圆形，长 10 ～ 30 cm，宽 4.5 ～ 15 cm，顶端急尖或渐尖，基部楔形，渐狭，两面散生细小白色斑点（针晶体），背面中脉凸起；叶柄长 1.5 ～ 3 cm，粗壮，上面有槽，下面半圆形，基部稍扁宽。花总状花序顶生或与叶对生，圆柱状，直立，通常比叶短，密生多花；花序梗长 1 ～ 4 cm；花梗基部的苞片线形，长约 1.5 mm，上部 2 枚小苞片线状披针形，均膜质；花梗细，长 6 ～ 10（13）mm，基部变粗；花两性，直径约 8 mm；花被片 5 片，白色、黄绿色，椭圆形、卵形或长圆形，顶端圆钝，长 3 ～ 4 mm，宽约 2 mm，大小相等，花后常反折；雄蕊 8 ～ 10 枚，与花被片近等长，花丝白色，钻形，基部成片状，宿存，花药椭圆形，粉红色；心皮通常为 8 个，有时少至 5 个或多至 10 个，分离；花柱短，直立，顶端下弯，柱头不明显。果序直立；浆果扁球形，直径约 7 mm，熟时黑色；种子肾形，黑色，长约 3 mm，具 3 棱（图 3–3 至图 3–6）。

【生长环境】

商陆生命力强，常野生于山脚、林间、路旁及房前屋后，平原、丘陵及山地均有分布。喜温暖湿润的气候条件，耐寒不耐涝，适宜生长温度 14 ～ 30℃；地上部分在秋冬落叶时枯萎，而地下的

图 3–3　商陆

图 3–4　商陆花

肉质根能耐 -15℃的低温。对土壤的适应性广，不论是沙土还是红壤土，不管土壤肥沃还是瘠薄，都能长得枝繁叶茂。

【植物危害】

为害果园、茶园、桑园、苗圃、荒地等旱地作物。

【防治方法】

人工挖除为主。

图 3-5 商陆果

图 3-6 商陆根

葎 草

葎草［*Humulus scandens*（Lour.）Merr.］是桑科、葎草属多年生攀缘草本植物，别名：蛇割藤、割人藤、拉拉秧、拉拉藤、五爪龙、勒草、葛葎蔓等。

【形态特征】

多年生缠绕草本，茎、枝、叶柄均具倒钩刺。叶纸质，肾状五角形，掌状 5 ～ 7 深裂稀为 3 裂，长宽约 7 ～ 10 cm，基部心脏形，表面粗糙，疏生糙伏毛，背面有柔毛和黄色腺体，裂片卵状三角形，边缘具锯齿；叶柄长 5 ～ 10 cm。雄花小，黄绿色，圆锥花序，长约 15 ～ 25 cm；雌花序球果状，径约 5 mm，苞片纸质，三角形，顶端渐尖，具白色绒毛；子房为苞片包围，2 柱头，伸出苞片外。瘦果成熟时露出苞片外（图 3–7 至图 3–10）。花期春夏，果期秋季。适应能力非常强，适生幅度特别宽，年均气温 5.7 ～ 22℃，年降水量 350 ～ 1 400 mm，土壤 pH 值在 4.0 ～ 8.5 的环境均能生长。葎草喜欢生长于肥土上，但贫瘠之处也能生长，只是肥沃土地上生长更加旺盛。葎草的雌雄株花期不一致，雄株 7 月下旬开花，而雌株在 8 月中旬开花，开花后生长缓慢；9 月下旬种子成熟，葎草生长也停止。

【生长环境】

常生于沟边、荒地、废墟、林缘边。

【植物危害】

为常见恶性杂草，其匍匐茎生长蔓延迅速，常缠绕在农作物或者果树上，严重影响其他植物的生长。另因其倒刺对人皮肤易造成伤害，也会妨碍人类生产活动。

【防治方法】

主要有人工防治、机械防治、化学防治、替代控制等。替代利用覆盖、遮光等原理，用塑料薄膜覆盖或播种其他作物（或草种）等方法进行除草。

图 3–7 葎草（一）

图 3–8 葎草（二）

图 3-9 葎草花序

图 3-10 葎草果穗

乌蔹莓

乌蔹莓［*Cayratia japonica*（Thunb.）Gagnep.］是葡萄科乌蔹莓属植物，草质藤。别名：乌蔹草、五叶藤、五爪龙、母猪藤、五叶梅。

【形态特征】

草质藤本。小枝圆柱形，有纵棱纹，无毛或微被疏柔毛。卷须2～3叉分枝，相隔2节间断与叶对生（图3-11）。

叶为鸟足状5小叶，中央小叶长椭圆形或椭圆披针形，长2.5～4.5 cm，宽1.5～4.5 cm，顶端急尖或渐尖，基部楔形，侧生小叶椭圆形或长椭圆形，长1～7 cm，宽0.5～3.5 cm，顶端急尖或圆形，基部楔形或近圆形，边缘每侧有6～15个锯齿，上面绿色，无毛，下面浅绿色，无毛或微被毛；侧脉5～9对，网脉不明显；叶柄长1.5～10 cm，中央小叶柄长0.5～2.5 cm，侧生小叶无柄或有短柄，侧生小叶总柄长 0.5 ～ 1.5 cm，无毛或微被毛；托叶早落（图 3–12）。

花序腋生，复二歧聚伞花序；花序梗长 1 ～ 13 cm，无毛或微被毛；花梗长 1 ～ 2 mm，几乎无毛；花蕾卵圆形，高 1 ～ 2 mm，顶端圆形；萼碟形，边缘全缘或波状浅裂，外面被乳突状毛或几乎无毛；花瓣 4，三角状卵圆形，高 1 ～ 1.5 mm，外面被乳突状毛；雄蕊 4 枚，花药卵圆形，长宽近相等；花盘发达，4 浅裂；子房下部与花盘合生，花柱短，柱头微扩大（图 3–13）。

果实近球形，直径约 1 cm，有种子 2 ～ 4 颗；种子三角状倒卵形，顶端微凹，基部有短喙，种脐在种子背面近中部呈带状椭圆形，上部种脊突出，表面有突出肋纹，腹部中棱脊突出，两侧洼穴呈半月形，从近基部向上达种子近顶端。花期 3—8 月，果期 8—11 月（图 3–14）。

【生长环境】

乌蔹莓喜光耐半阴，好湿耐旱，不甚耐寒。生长于海拔

图 3–11 乌蔹莓

图 3–12 乌蔹莓苗

300 ～ 2500 m 的园地、山地谷林中或山坡灌丛。

【植物危害】

为害果园、茶园、桑园、苗圃等旱地作物。

【防治方法】

人工挖除为主。

图 3–13 乌蔹莓花序

图 3–14 乌蔹莓果

蛇葡萄

蛇葡萄［*Ampelopsis sinica*（Mig.）W. T. Wang.］为葡萄科蛇葡萄属植物蛇葡萄。别名：蛇白蔹、假葡萄、野葡萄、山葡萄、绿葡萄、见毒消。

【形态特征】

木质藤本。小枝圆柱形，有纵棱纹。卷须 2 ～ 3 杈分枝，相隔 2 节间断与叶对生。叶为单叶，心形或卵形，3 ～ 5 中裂，常混生有不分裂者，长 3.5～14 cm，宽 3～11 cm，顶端急尖，基部心形，基缺近呈钝角，稀圆形，边缘有急尖锯齿，叶片上面无毛，下面脉上被稀疏柔毛，边缘有粗钝或急尖锯齿；基出脉 5，中央脉有侧脉 4～5 对，网脉不明显突出；叶柄长 1～7 cm，被疏柔毛；花序梗长 1～2.5 cm，被疏柔毛；花梗长 1～3 mm，疏生短柔毛；花蕾卵圆形，高 1～2 mm，顶端圆形；萼碟形，边缘波状浅齿，外面疏生短柔毛；花瓣 5，卵椭圆形，高 0.8～1.8 mm，外面几无毛；雄蕊 5 枚，花药长椭圆形，长甚于宽；花盘明显，边缘浅裂；子房下部与花盘合生，花柱明显，基部略粗，柱头不扩大。果实近球形，直径 0.5～0.8 cm，有种子 2～4 颗；种子长椭圆形，顶端近圆形，基部有短喙，种脐在种子背面下部向上渐狭呈卵椭圆形，上部背面种脊突出，腹部中棱脊突出，两侧洼穴呈狭椭圆形，从基部向上斜展达种子顶端。花期 7—8 月，果期 9—10 月（图 3–15 至图 3–17）。

【生长环境】

生于海拔 300～1200 m 的山谷疏林或灌丛中。

【植物危害】

为害果园、茶园、桑园、苗圃、荒地等旱地作物（图 3–18）。

【防治方法】

人工挖除为主。

图 3–15　蛇葡萄（一）

图 3–16　蛇葡萄（二）

图 3-17　蛇葡萄（三）

图 3-18　蛇葡萄为害柑橘

空心莲子草

空心莲子草［*Alternanthera philoxeroides*（Mart.）Griseb.］是苋科、莲子草属多年生草本植物。

【形态特征】

多年生草本；茎基部匍匐，上部上升，管状，不明显 4 棱，长 55 ～ 120 cm，具分枝，幼茎及叶腋有白色或锈色柔毛，茎老时无毛，仅在两侧纵沟内保留。叶片矩圆形、矩圆状倒卵形或倒卵状披针形，长 2.5 ～ 5 cm，宽 7 ～ 20 mm，顶端急尖或圆钝，具短尖，基部渐狭，全缘，两面无毛或上面有贴生毛及缘毛，下面有颗粒状突起；叶柄长 3 ～ 10 mm，无毛或微有柔毛（图 3-19）。

花密生，具总花梗的头状花序，单生在叶腋，球形，直径 8 ～ 15 mm；苞片及小苞片白色，顶端渐尖，具 1 脉；苞片卵形，长 2 ～ 2.5 mm，小苞片披针形，长 2 mm；花被片矩圆形，长 5 ～ 6 mm，白色，光亮，无毛，顶端急尖，背部侧扁；雄蕊花丝长 2.5 ～ 3 mm，基部连合成杯状；退化雄蕊矩圆状条形，和雄蕊约等长，顶端裂成窄条；子房倒卵形，具有短柄，背面侧扁，顶端圆形。果实未见。花期 5—10 月（图 3–20）。

【生长环境】

主要生长在中国 44°N 以南、97°E 以东的海拔低且气候相对较暖湿的广大地区。生长在池沼、水沟内。

【植物危害】

空心莲子草是一种严重的外来多年生杂草。它的入侵破坏生物多样性，又对农业灌溉、水产养殖、粮食运输、旅游造成巨大损失。它使水域内的高等植物灭绝，水生动物消失，水域的生态平衡遭到破坏。

【防治方法】

一是化学防除法，是主要防治空心莲子草的方法。被广泛使用的除草剂有：整形素、水花生净、使它隆、草甘膦等。二是机械防除，此种方法只适合于空心莲子草刚被引进还没有大范围蔓延的缓慢发展时期。人工防除要将空心莲子草、根茎全部集中烧毁。将化学防治、生物防治、机械防治、人工防除彼此有机整合、互相协调、综合控制，这样，才能有效地根除空心莲子草的蔓延。

图 3–19　空心莲子草

图 3–20　空心莲子草花

节节草

节节草（*Equisetum hiemale* L.），别名：土麻黄，草麻黄，木贼草，草麻黄，节节木贼，是木贼科木贼属植物。

【形态特征】

节节草属多年生草本。根茎黑褐色，根茎细长入土深，生少数黄色须根。茎直立，单生或丛生，高达 70 cm，径 1 ～ 2 mm，灰绿色，肋棱 6 ～ 20 条，粗糙，有小疣状突起 1 列；沟中气孔线 1 ～ 4 列；中部以下多分枝，分枝常具 2 ～ 5 小枝。叶轮生，退化连接成筒状鞘，似漏斗状，亦具棱；鞘口随棱纹分裂成长尖三角形的裂齿，齿短，外面中心部分及基部黑褐色，先端及缘渐成膜质，常脱落。孢子囊穗紧密，矩圆形，无柄，长约 0.5 ～ 2 cm，有小尖头，顶生，孢子叶 6 角形，中央凹入，孢子同型，具 2 条丝状弹丝，十字形着生，绕于孢子上，遇水弹开，以便繁殖。

节节草属中小型植物。根茎直立，横走或斜升，黑棕色，节和根疏生黄棕色长毛或光滑无毛。

多年生，黑褐色。茎细弱，绿色，基部多分枝，上部少分支或不分枝，粗糙具条棱，叶鳞片状，轮生，基部联合成鞘状。孢子囊长圆形，有小尖头；以根茎或孢子繁殖。根茎早期 3 月发芽，4 月产孢子囊穗，成熟后散落，萌发，成为秋天杂草（图 3–21 至图 3–23）。

【生长环境】

喜近水生，长溪边、河边、海边、水田边。生于湿地、溪边、湿沙地、路旁、果园、茶园，为麦类、油菜等夏收作物和棉花、玉米、甘薯等秋收作物以及果树、茶树的常见杂草。

【植物危害】

为害果园、茶园、桑园、苗圃等旱地作物。

【防治方法】

人工挖除。

图 3-21 节节草

图 3-22 节节草（近景）

图 3-23 节节草（远景）

杠板归

杠板归（*Polygonum perfoliatum* L.）是蓼科蓼属植物，一年生草本。

【形态特征】

一年生草本。茎攀缘，多分枝，长 1 ～ 2 m，具有纵棱，沿棱具有稀疏的倒生皮刺。叶三角形，长 3 ～ 7 cm，宽 2 ～ 5 cm，顶端钝或微尖，基部截形或微心形，薄纸质，上面无毛，下面沿叶脉疏生皮刺；叶柄与叶片近等长，具倒生皮刺，盾状着生于叶片的近基部；托叶鞘叶状，草质，绿色，圆形或近圆形，穿叶，直径 1.5 ～ 3 cm。

总状花序呈短穗状，不分枝顶生或腋生，长 1 ～ 3 cm；苞片卵圆形，每苞片内具花 2 ～ 4 朵；花被 5 深裂，白色或淡红色，花被片椭圆形，长约 3 mm，果时增大，呈肉质，深蓝色；雄蕊 8 枚，略短于花被；3 花柱，中上部合生；柱头头状。瘦果球形，直径 3 ～ 4 mm，黑色，有光泽，包于宿存花被内。花期 6—8 月，果期 7—10 月（图 3-24 至图 3-26）。

【生长环境】

生长于海拔 80 ～ 2300 m 的果园、田边、路旁、山谷湿地。

【植物危害】

为害果园、茶园、桑园、苗圃等旱地作物（图 3–27）。

【防治方法】

人工或机械挖除；采用除草剂防除。

图 3–24　杠板归苗

图 3–25　杠板归藤蔓

图 3–26　杠板归果

图 3–27　杠板归为害柑橘

海金沙

海金沙草［*Lygodium japonicum*(Thunb.)Sw］属多年生攀缘草本。

【形态特征】

植株高攀达 1～4 m。叶轴上面有 2 条狭边，羽片多数，相距约 9～11 cm，对生于叶轴上的短距两侧，平展（图 3–28，图 3–29）。

距长达 3 mm。端有一丛黄色柔毛覆盖腋芽。不育羽片尖三角形，长宽几乎相等，10～12 cm 或较狭，柄长 1.5～1.8 cm，同羽轴一样多少被短灰毛，两侧并有狭边，二回羽状；一回羽片 2～4 对，互生，柄长 4～8 mm，和小羽轴都有狭翅及短毛，基部一对，卵圆形，长 4～8 cm。宽 3～6 cm，一回羽状；二回小羽片 2～3 对，卵状三角形，具有短柄或无柄，互生，掌状三裂；末回裂片短阔，中央一条长 2～3 cm，宽 6～8 mm，基部楔形或心脏形，先端钝，顶端的二回羽片长 2.5～3.5 cm，宽 8～10 mm，波状浅裂；向上的一回小羽片近掌状分裂或不分裂，较短，叶缘有不规则的浅圆锯齿。主脉明显，侧脉纤细，从主脉斜上，1～2 回二叉分歧，直达锯齿。叶纸质，干后褐色。两面沿中肋及脉上略有短毛。

能育羽片卵状三角形，长宽几乎相等，约 12～20 cm，或长稍过于宽，二回羽状；一回小羽片 4～5 对，互生，相距约 2～3 cm，长圆披针形，长 5～10 cm，基部宽 4～6 cm、一回羽状，二回小羽片 3～4 对。卵状三角形，羽状深裂。孢子囊穗长 2～4 mm，往往长远超过小羽片的中央不育部分，排列稀疏，暗褐色，无毛。

【生长环境】

生于山坡草丛或灌木丛中、及果园。

【植物危害】

为害果园、茶园、桑园、苗圃等旱地作物。

【防治方法】

人工挖除；采用杀根作用的除草剂防除；可结合种植绿肥覆盖地表，进行综合治理。

图 3-28　海金沙（一）

图 3-29　海金沙（二）

木防己

木防己［*Cocculus orbiculatus*（L.）DC.］是防己科木防己属植物，别名：土木香、牛木香、金锁匙、紫背金锁匙、百解薯、青藤根。为木质藤本。

【形态特征】

木质藤本；小枝被绒毛至疏柔毛，或有时近无毛，有条纹。叶片纸质至近革质，形状变异极大，自线状披针形至阔卵状近圆形、狭椭圆形至近圆形、倒披针形至倒心形，有时卵状心形，顶端短尖或钝而有小凸尖，有时微缺或 2 裂，边全缘或 3 裂，有时掌状 5 裂，长通常 3 ～ 8 cm，很少超过 10 cm，宽不等，两面被密柔毛至疏柔毛，有时除下面中脉外两面近无毛；掌状脉 3 条，很少 5 条，在下面微突起；叶柄长 1 ～ 3 cm，很少超过 5 cm，被稍密的白色柔毛（图 3-30）。

聚伞花序少花，腋生，或排成多花，狭窄聚伞圆锥花序，顶生或腋生，长可达 10 cm 或更长，被柔毛。①雄花。小苞片 2 或 1，长约 0.5 mm，紧贴花萼，被柔毛；萼片 6 片，外轮卵形或椭圆状卵形，长 1 ～ 1.8 mm，内轮阔椭圆形至近圆形，有时阔倒卵形，长达 2.5 mm 或稍过之；花瓣 6 片，长 1 ～ 2 mm，下部边缘内折，抱着花丝，顶端 2 裂，裂片叉开，渐尖或短尖；雄蕊 6 片，比花瓣短。②雌花。萼片和花瓣与雄花相同；退化雄蕊 6 枚，微小；心皮 6，无毛。核果近球形，红色至紫红色，径通常 7 ～ 8 mm；果核骨质，径约 5 ～ 6 mm，背部有小横肋状雕纹（图 3–31，图 3–32）。

【生长环境】

以长江流域中下游及其以南各省区常见。生长于灌丛、村边、林缘等处。喜湿润的土壤，较耐干旱；喜温暖，较耐寒，在 18 ～ 28℃的温度范围内生长较好，越冬温度不宜低于 0℃；喜日光充足的环境。

【植物危害】

为害果园、茶园、桑园、苗圃等旱地作物（图 3–33）。

【防治方法】

人工挖除。

图 3–30 木防己

图 3–31 木防己果

图 3-32　木防己花序

图 3-33　木防己缠绕橘树

牵牛花

牵牛花［*Pharbitis nil*（L.）Choisy］，属旋花科牵牛属，一年生缠绕草本。别名：朝颜、碗公花、喇叭花。

【形态特征】

一年生缠绕草本，茎上被倒向的短柔毛及杂有倒向或开展的长硬毛。叶宽卵形或近圆形，深或浅的 3 裂，偶 5 裂，长 4 ～ 15 cm，宽 4.5 ～ 14 cm，基部圆，心形，中裂片长圆形或卵圆形，渐尖或骤尖，侧裂片较短，三角形，裂口锐或圆，叶面或疏或密被微硬的柔毛；叶柄长 2 ～ 15 cm，毛被同茎（图 3-34，图 3-35）。

花腋生，单一或通常 2 朵着生于花序梗顶，花序梗长短不一，长 1.5 ～ 18.5 cm，通常短于叶柄，有时较长，毛被同茎；苞片线形或叶状，被开展的微硬毛；花梗长 2 ～ 7 mm；小苞片线形；萼片近等长，长 2 ～ 2.5 cm，披针状线形，内面 2 片稍狭，外面被开展的刚毛，基部更密，有时也杂有短柔毛；花冠漏斗状，长 5 ～ 8（10）cm，蓝紫色或紫红色，花冠管色淡；雄蕊及花柱内藏；雄蕊不等长；花丝基部被柔毛；子房无毛，柱头头状（图 3–36）。

蒴果近球形，直径 0.8 ～ 1.3 cm，3 瓣裂。种子卵状三棱形，长约 6 mm，黑褐色或米黄色，被褐色短绒毛（图 3–37）。

【生长环境】

生于海拔 100 ～ 200（1600）m 的山坡灌丛、干燥河谷路边、园边宅旁、山地路边，或为栽培。

适应性较强，喜阳光充足，亦可耐半遮阴。喜暖和凉快，亦可耐暑热高温，但不耐寒，怕霜冻。喜肥美疏松土堆，能耐水湿和干旱，较耐盐碱。种子发芽适合温度 18 ～ 23℃，幼苗在 10℃以上气温即可生长。

【物种分类】

牵牛花约有 60 多种。常见栽培的有以下 3 类。

（1）裂叶牵牛。叶具深三裂，花中型 1 ～ 3 朵腋生，有莹蓝、玫红或白色。

（2）圆叶牵牛，叶阔心脏形，全缘，花型小，有白、玫红、莹蓝等色。

（3）大花牵牛，叶大柄长，具三裂，中央裂片较大，叶易长具不规则的黄白斑块。花 1 ～ 3 朵腋生，总梗短于叶柄，花大型，花径可达 10 cm 或更大，原产亚洲和非洲热带。本种在日本栽培最盛，称朝颜花，并选育出众多园艺品种，花型变化多样，花色丰富多彩，各地广为流行。

【植物危害】

为害果园、茶园、桑园、苗圃等旱地作物。

【防治方法】

人工挖除和化学防除。

图 3-34　牵牛花苗

图 3-35　牵牛花叶

图 3-36　牵牛花

图 3-37　牵牛花果

苍　耳

苍耳（*Xanthium sibiricum* Patrin ex Widder）是菊科、苍耳属一年生草本植物。

【形态特征】

一年生草本，高 20 ～ 90 cm。根纺锤状，分枝或不分枝。茎直立不分枝或少有分枝，下部圆柱形，直径 4 ～ 10 mm，上部有纵沟，被灰白色糙伏毛。

叶三角状卵形或心形，长 4 ～ 9 cm，宽 5 ～ 10 cm，近全缘，或有 3 ～ 5 片不明显浅裂，顶端尖或钝，基部稍心形或截形，与叶柄连接处成相等的楔形，边缘有不规则的粗锯齿，有三基础脉，侧脉弧形，直达叶缘，脉上密被糙伏毛，上面绿色，下面苍白色，被糙伏毛；叶柄长 3 ～ 11 cm（图 3–38）。

雄性的头状花序球形，直径 4 ～ 6 mm，有或无花序梗，总苞片长圆状披针形，长 1 ～ 1.5 mm，被短柔毛，花托柱状，托片倒披针形，长约 2 mm，顶端尖，有微毛，有多数的雄花，花冠钟形，管部上端有 5 宽裂片；花药长圆状线形；雌性的头状花序椭圆形，外层总苞片小，披针形，长约 3 mm，被短柔毛，内层总苞片结合成囊状，宽卵形或椭圆形，绿色，淡黄绿色或有时带红褐色。

在瘦果成熟时变坚硬，连同喙部长 12 ～ 15 mm，宽 4 ～ 7 mm，外面有疏生的具钩状的刺，刺极细而直，基部微增粗或几不增粗，长 1 ～ 1.5 mm，基部被柔毛，常有腺点，或全部无毛；喙坚硬，锥形，上端略呈镰刀状，长 2.5 mm，常不等长，少有结合而成 1 个喙。瘦果 2，倒卵形。花期 7—8 月，果期 9—10 月（图 3–39）。

【生长环境】

苍耳自然生长在平原、丘陵、低山、荒野、路边、沟旁、田边、草地、村旁等处。

苍耳喜生长在土质松软深厚、水源充足及肥沃的地块上，pH 值 5 左右。提高土壤的通透性，增强土壤的肥力，促进苍耳种子发芽及营养吸收。

【植物危害】

为害果园、茶园、桑园、苗圃等旱地作物。

【防治方法】

人工或机械铲除；采用除草剂防除。

图 3–38　苍耳

图 3–39　苍耳果

鸡屎藤

鸡屎藤（*Herba Paederiae*），为茜草科鸡矢藤属多年生草质藤本植物。别名：斑鸠饭、女青、主屎藤、却节等。

【形态特征】

鸡屎藤蔓生草本，基部木质，高 2 ～ 3 m，秃净或稍被微毛。叶对生，有柄；叶片近膜质，卵形、椭圆形、矩圆形至披针形，先端短尖或渐尖，基部浑圆或楔尖，两面均秃净或近秃净；叶间托叶三角形，长 2 ～ 5 mm，脱落。圆锥花序腋生及顶生，扩展，分枝为蝎尾状的聚伞花序；花白紫色，无柄；萼狭钟状，长约 3 mm；花冠钟状，花筒长 7 ～ 10 mm，上端 5 裂，镊合状排列，内面红紫色，被粉状柔毛；雄蕊 5 枚，花丝极短，着生于花冠筒内；子房下位，2 室，花柱丝状，2 枚，基部愈合。浆果球形，直径 5 ～ 7 mm，成熟时光亮，草黄色（图 3–40 至图 3–42）。花期秋季。

【生长环境】

生于海拔 200 ～ 2000 m 的山坡、果园、溪边、河边、路边、林旁或常攀缘于其他植物或岩石上。喜温暖湿润的环境。土壤以肥沃、深厚、湿润的沙质壤土较好。

【植物危害】

为害果园、茶园、桑园、苗圃等旱地的作物。

【防治方法】

工人挖除。

图 3-40　鸡屎藤（一）

图 3-41　鸡屎藤（二）

图 3-42　鸡屎藤果

第四章　柑橘病虫草害绿色防控技术

一、频振式杀虫灯

原理：频振式杀虫灯是利用害虫具有较强的趋光、趋波、趋色、趋性信息特性，将害虫诱集后采用频振式高压电网触杀，使害虫落入灯下专用的接虫袋内（容器中），达到杀灭害虫的目的。

具体做法：在橘园的制高点或外围以每间隔 150 m 左右，安装频振式杀虫灯 1 盏，悬挂高度为距地面 2.5 ～ 3.0 m，每天下午 6 时至第 2 天上午 6 时开灯，利用害虫的趋光趋波性，诱杀害虫，减轻害虫为害。频振式杀虫灯能有效诱杀金龟子、卷叶蛾、潜叶蛾、蟓象、吸果夜蛾、潜叶甲、有翅蚜虫、广翅蜡蝉等 10 多种害虫成虫，杀虫效果明显，能减少害虫在果园虫口密度，从而有效控制害虫的为害（图 4–1，图 4–2）。

图 4–1　电力杀虫灯

图 4–2　太阳能杀虫灯

二、黄板诱杀

原理：黄板是利用昆虫成虫趋黄色特性而设计的一种黄色粘虫板，将昆虫引诱到涂有绿色环保粘胶黄板上粘住昆虫而达到消灭害虫目的。

具体做法：于5—7月在害虫成虫高峰前期，每1～2株橘树悬挂1张黄色粘虫板，悬挂黏虫黄板能有效诱杀蝼蛄、山东广翅蜡蝉、螟蛾类、蚜虫、粉虱、橘小实蝇、甲虫类等害虫，通过降低害虫基数达到减轻害虫为害目的（图4–3，图4–4）。

图4–3　黄板诱杀（一）

图4–4　黄板诱杀（二）

三、性诱剂诱杀

原理：性诱剂诱杀害虫是通过人工合成雌蛾在性成熟后释放出一些称为性信息素的化学成分，吸引田间同种寻求交配的雄蛾，将其诱杀在诱捕器中，使雌虫失去交配的机会，不能有效地繁殖后代，减低后代种群数量而达到防治的目的。

具体做法：在害虫发生早期，虫口密度比较低时，按每25～30 m设置1个性诱剂及诱捕器或每亩设置3～4个性诱剂及诱捕器悬挂在树干上，诱芯悬挂高度以诱芯距地面1.5 m左右为宜，每30 d诱芯更换1次。性诱剂诱杀能有效诱杀橘园蛾类、实蝇等害虫（图4–5，图4–6）。

图4–5 性诱柑橘小实蝇等

图4–6 性诱潜叶蛾等

四、橘园留草

原理：人工控制留草，创造有利于天敌昆虫适宜生长繁殖的生态环境，增加天敌基数，提高天敌自然控害效果。

具体做法：在柑橘生长季节，不使用化学除草剂除杂草，采取人工压草刈割除去恶性杂草，保留宜留杂草，实施杂草生态化管理，创造有利于天敌繁殖的环境（图4–7，图4–8）。

图4–7 橘园春季留草

图4–8 橘园夏秋季留草

五、橘园种草

原理：人工种草，人工创造保护区域生物多样性，为害虫天敌提供替代寄主、食料和庇护所，保持天敌种群稳定，提高天敌自然控害效果。

具体做法：橘园内和周围套种黑麦草、紫花苜蓿、白三叶草、薄荷、藿香蓟等草种（图 4–9 至图 4–12）。

图 4–9　白三叶草

图 4–10　积雪草

图 4–11　藿香蓟

图 4–12　天胡荽

六、种植绿肥

原理：橘园种植绿肥用草，改善土壤结构和生态环境，增强土壤抗旱保温能力，为捕食螨等多种天敌提供栖息地和食物来源。

具体做法：3—4 月种植大豆、花生、黑麦草等夏季绿肥品种，梅雨季结束前结合深翻埋入园土中或刈割进行生物覆盖。10—11 月种植蚕豆、豌豆、黄花苜蓿和窄叶野豌豆（紫花苕子）等冬季绿肥品种，翌年 4—6 月刈割，结合深翻改土压埋入园土中或进行生物覆盖。注意橘园不能间作高秆作物和根深作物，树盘内不能间作，以免与橘树争夺养分和水分（图 4–13 至图 4–16）。

图 4–13　蚕豆

图 4–14　黄花苜蓿

图 4–15　豌豆

图 4–16　窄叶野豌豆

七、设施栽培

原理：利用塑料大棚、日光温室、智能温室等现代农业设施手段，通过改变或控制柑橘生长发育环境因子，以减少和消除病害感染机会，遏制病害的传播扩散达到防控病害目的。

具体做法：在橘园搭建大棚，避雨栽培，能有效防控柑橘黑点病、疮痂病等病害（图 4–17 至图 4–20）。

图 4–17　大棚栽培

图 4–18　大棚栽培

图 4–19　网室育苗

图 4–20　大棚育苗

八、释放天敌

原理：在害虫生长过程的某个关键时期，有计划地释放适当数量饲养的昆虫天敌，利用昆虫天敌自然控制害虫的作用，从而限制害虫种群的发展，达到减轻害虫为害程度的目的。

具体做法：于 5 月、7 月、9 月，在橘园按每棵橘树 3 头花绒寄甲，每 5 棵橘树 1 只管肿腿蜂的释放量，可有效防控天牛等害虫（图 4–21 至图 4–24）。

图 4–21　花绒寄甲

图 4–22　释放花绒寄甲

图 4–23　肿腿蜂

图 4–24　释放肿腿蜂

九、以螨治螨

原理：通过释放人工饲养的捕食螨，利用捕食螨捕食红蜘蛛等害螨，达到控制害螨为害目的。

具体做法：在橘园害螨盛发前，晴天傍晚，按每株释放 1 袋胡瓜钝绥螨，斜挂于柑橘中上部内部树枝分杈上，并外套塑料薄膜，利用胡瓜钝绥螨捕食有效防治红蜘蛛、黄蜘蛛、锈壁虱等害螨（图 4–25，图 4–26）。

图 4–25　捕食螨

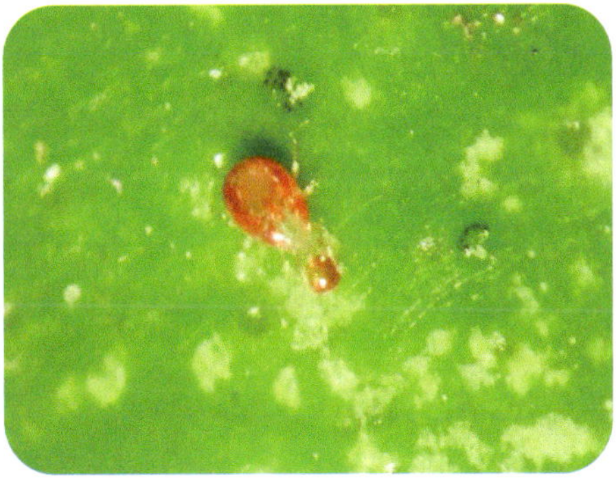

图 4–26　胡瓜钝绥螨

十、农药防控

农药防控是绿色防控的重要措施之一，生物农药、高效低毒低残留化学农药的推广应用，为柑橘病虫绿色防控提供了保障。经过 2014—2017 年筛选试验和示范实践，初步掌握了针对浙西丘陵地区柑橘主要病虫害的农药防控技术。

第一次用药：于 4 月，主防潜叶甲（兼治花蕾蛆），附防黑点病、黄斑病、疮痂病。药剂处理配方：2.5% 高效氯氟氰菊酯 EC 1500 倍液，或 2% 阿维菌素 EC 2000 倍液 + 80% 代森锰锌 WP 500 ～ 600 倍液，或 70% 丙森锌 WP 600 ～ 700 倍液，或 10% 苯醚甲环唑 WG 2000 ～ 3000 倍液。试验示范效果调查，本配方能有效控制潜叶甲为害，总防治效果在 100%。

第二次用药：于 5 月，防控对象为柑橘红蜘蛛（兼治蚜虫）和黑点病、黄斑病。药剂配方：30% 乙唑螨腈 SC 5000 倍液，或 11% 乙螨唑 SC 4000 倍液 + 80% 代森锰锌 WP 500 倍液，或 70%

丙森锌 WP 500 倍液 + 1.8% 阿维菌素 EC 1200 倍液，或 99% 矿物油 200 倍液。对于没有发生柑橘红蜘蛛的橘园不配用 30% 乙唑螨腈 SC 或乙螨唑。示范效果调查，对柑橘红蜘蛛总体防治效果在 100%。

第三次用药：于 6 月，防控对象为柑橘蚧壳虫（红蜡蚧、黄圆蚧等）及黑点病、黄斑病。药剂处理：① 1.8% 阿维菌素 EC 2000 倍液 +20% 啶虫脒 SP 2000 倍液 + 80% 代森锰锌 WP 500 倍液；② 25% 噻嗪酮 WP 1000 倍液 + 20% 啶虫脒 SP 2000 倍液 + 80% 代森锰锌 WP 500 倍液；③ 22.4% 螺虫乙酯 SC 2000 倍液 + 0.5% 依维菌素 EC 1500 倍液 + 80% 代森锰锌 WP 500 倍液。没有蚧壳虫的橘园不必配加阿维菌素、啶虫脒、毒死蜱、螺虫乙酯、噻嗪酮。示范效果调查，配方①、②对蚧壳虫防效在 96.09% ～ 96.36%，配方③对蚧壳虫防效在 89.69% ～ 92.61%。

第四次用药：于 7 月，防控黄圆蚧、锈壁虱和黑点病、黄斑病。药剂配方：① 1.8% 阿维菌素 EC 2000 倍液 + 20% 啶虫脒 SP 2000 倍液加 80% 代森锰锌 WP 500 倍液；② 20% 啶虫脒 SP 2000 倍液 + 25% 噻嗪酮 WP 1500 倍液加 80% 代森锰锌 WP 500 倍液。示范结果对黄圆蚧防效在 81.76% ～ 85.02%。

对于柑橘黑点病、黄斑病，经过 4 次农药防控，对主要病虫示范总体效果分别在 90% 和 95% 以上，病虫害损失控制到了 2% 以下。

参考文献

陈国庆，许渭根，童英富，2006. 柑橘病虫原色图谱［M］. 杭州：浙江科学技术出版社 .

黄振东，2019. 柑橘病虫害绿色防控彩色图谱［M］. 北京：中国农业科学技术出版社 .

黄明度，2005. 柑橘绿色生产的病虫防治技术［M］. 广州：广东科技出版社 .

李红叶，2010. 柑橘病害发生与防治彩色图说［M］. 北京：中国农业出版社 .

张朝芳，章绍尧，1993. 浙江植物志［M］. 杭州：浙江科学技术出版社 .